SECTION II

LES INSECTES NUISIBLES

ET

LES INSECTES UTILES

AUX ÉTATS-UNIS

INSECTICIDES ET MODES D'APPLICATION

PAR C. V. RILEY, PH. D.

Entomologiste des États-Unis, etc.

*Extrait du Rapport sur les Productions agricoles des États-Unis,
préparé sous la direction du Secrétaire de l'Agriculture
en vue de l'Exposition de 1889, à Paris.*

LES INSECTES NUISIBLES A L'AGRICULTURE
AUX ÉTATS-UNIS.

Le dommage occasionné à l'agriculture par les insectes est plus marqué aux États-Unis que dans n'importe quel autre pays du monde. Cette déprédation excessive peut être en partie expliquée par le nombre exceptionnellement énorme d'espèces nuisibles indigènes. Sur environ 25,000 espèces connues et décrites aux États-Unis, le professeur Lintner (4º Rapport, Ins. N.-Y., p. 188) estime que la moitié au moins font leur proie de matières premières utiles à l'homme, et que de 7,000 à 8,000 d'entre celles-là sont suffisamment malfaisantes pour être mises au rang de fléaux. Il n'en inscrit pas moins de 210 comme s'attaquant aux pommes, et conclut que nous possédons pour le moins 1,000 espèces d'insectes attaquant spécialement les arbres à fruit. Une liste presque égale en nombre à celle des ennemis du pommier pourrait être dressée pour beaucoup de nos principaux fruits, ou pour chacune des céréales, herbes et essences de haute futaie. Le catalogue condensé de cette section, qu'on trouvera plus loin, donnera un aperçu général des insectes qui attaquent particulièrement les arbres, les fruits ou les récoltes, et surtout des espèces qui, par leurs déprédations excessives, sont les plus redoutables à l'agriculturé américaine.

En plus de nos espèces indigènes, nous avons à lutter contre une quantité des insectes les plus nuisibles des autres pays; car un très grand nombre ont été introduits chez nous et continuent à l'être, surtout le long des principales voies de communication. Parmi les plus malfaisants de ces derniers, nous avons le moustique du blé (*Cecidomyia tritici*), la mouche hessoise (*Cecidomyia destructor*), le pou du houblon (*Phorodon humuli*), le ver du chou (*Pieris rapæ*), le ver de la pomme à cuire (*Carpocapsa pomonana*), l'*Iceria purchasi*, en Californie, et une multitude d'autres, dont la plupart ne sont peut-être pas particulièrement malfaisants dans leur pays natal, mais qui, amenés en Amérique sans le correctif de leurs ennemis, oiseaux ou insectes, ou des maladies infectieuses qui les attaquent chez eux, se multiplient d'une façon démesurée et deviennent de véritables fléaux.

« Mais c'est encore à d'autres causes, tout aussi patentes, que sont dues la nature exceptionnellement malfaisante des insectes introduits et leur plus grande puissance de destruction; et parmi celles-là, l'une surtout, à laquelle on ne s'est jamais arrêté d'une façon assez sérieuse, m'a toujours frappé avec force. La voici :

« La plupart de ces espèces sont importées d'Europe, ou d'autres civilisations plus vieilles que la nôtre où, suivant la théorie de l'évolution, il est naturel de supposer qu'elles se sont accoutumées aux conditions civilisées. En d'autres termes, les espèces qui abondent le plus et qui se sont le mieux adaptées à ces conditions artificielles, ont — pendant la période, courte au point de vue géologique, de la prééminence de l'homme — pris l'avantage sur les espèces qui n'ont pas eu le même entourage. Lorsque, dans des conditions semblables, les premières entrent en concurrence avec les secondes, elles les dépassent rapidement en nombre et prennent la place prépondérante (1). »

Les méthodes d'économie rurale en usage en Amérique sont aussi responsables, pour une très grande part, de cet envahissement des insectes nuisibles. L'immensité de notre territoire et le bon marché de la terre, qui en résulte, ont laissé prévaloir une négligence et une défectuosité dans les méthodes d'agriculture qu'on ne voit pas dans les pays plus anciens et plus peuplés. Ceci, joint à la déplorable habitude de la succession des mêmes récoltes dans les mêmes terrains, sur de très vastes étendues de sol, a permis à nombre d'insectes de se multiplier à un degré qui aurait été rendu impossible par d'intelligents procédés d'agriculture succédant à un prévoyant et rationnel système d'assolements.

Les pertes occasionnées par les insectes préjudiciables à l'agriculture atteignent un total énorme; elles ont été diversement évaluées à un chiffre de 1,500 millions à 2 milliards de francs. Les récoltes sont sou-

(1) Extrait d'un article fait par l'auteur de ce rapport et lu devant la Société philosophique de Washington, 31 mars 1888, sur « Quelques sujets entomologiques récents et d'un intérêt universel ».

vent diminuées du quart ou de moitié, quelquefois même complètement détruites sur de très grandes étendues.

.Le dommage fait à la récolte de blé de 1864 par le « moustique du froment » fut estimé par M. Fitch supérieur à 75 millions de francs. La valeur en argent du maïs et du blé détruits dans l'Illinois, en 1867, par le *Blissus leucopterus* dépassait 365 millions de francs.

La perte occasionnée en 1874 au maïs, aux pommes de terre, et aux autres récoltes par la sauterelle des Montagnes Rocheuses (*Caloptenus spretus*), dans les États de Kansas, Nebraska, Iowa et Missouri, a été évaluée 280 millions de francs; et, si l'on considère le contre-coup ressenti par les commerçants, les industriels, les fabricants de machines à la suite de cette perte de récolte, la perte réelle causée à ces quatre États, en une seule année par ce seul insecte, peut être estimée justement à au moins 500 millions de francs. (1er Rap. U. S. E. C., 1877, p. 21.)

Les ravages faits dans les principaux États producteurs de coton par le ver du cotonnier (*Aletia xylina*. Say.) leur ont occasionné, dans les moments où ce fléau sévissait avec la plus grande fureur, une perte annuelle d'environ 150 millions de francs, ainsi que je l'ai démontré par des estimations consciencieuses (4e Rap. U. S. E. C.). La perte annuelle moyenne, avant les investigations auxquelles je me suis livré et les moyens préventifs généralement adoptés aujourd'hui, s'élevait à 75 millions de francs.

LA LITTÉRATURE ENTOMOLOGIQUE AUX ÉTATS-UNIS

· Le travail accompli aux États-Unis dans l'œuvre des applications pratiques de l'entomologie en vue de parer aux pertes annuelles causées par les insectes malfaisants, quoique remarquable comparé à celui des autres pays, n'est pas surprenant, vu les circonstances qui le favorisent.

Si pour l'étude systématique des insectes, leur description, leur classification en groupes et en espèces, diverses contrées de l'Europe nous ont dépassés et ont accompli le gros de l'ouvrage, les Etats-Unis peuvent justement revendiquer l'honneur d'avoir excellé dans l'étude des mœurs, des habitudes des insectes nuisibles, et plus spécialement encore dans la découverte des moyens propres à arrêter leurs ravages, et aussi dans l'acclimatation des insectes bienfaisants.

Si nous possédons une littérature d'entomologie appliquée supérieure; si c'est à nous qu'est due la découverte des principaux insecticides et de leurs applications en usage maintenant dans le monde entier, et, de fait, l'établissement de l'entomologie pratique sur une base scientifique, l'honneur en revient dans une large mesure à l'encouragement, à l'aide donnés à l'œuvre, surtout dans ces dernières années, par le gouvernement national tout aussi bien que par le gouvernement spécial de chaque État. Ce double concours a été chez nous beaucoup plus effectif et beaucoup plus libéral que dans les autres pays.

MÉTHODES ET DIFFICULTÉS D'INVESTIGATION

Afin que le travail accompli aux États-Unis concernant l'étude des insectes nuisibles puisse être pleinement apprécié comme il le mérite, il est bon d'indiquer quel genre de connaissances il est essentiel d'avoir sur les espèces étudiées pour pouvoir mettre un frein intelligent à leurs envahissements; et aussi quelles difficultés l'on rencontre fréquemment dans la poursuite de cette science. Pour ce faire, je citerai plus ou moins directement mes précédents écrits sur le même sujet.

En premier lieu, il est indispensable de se familiariser avec le mode d'existence, les mœurs et les habitudes des espèces auxquelles on a affaire; et cela implique une forte somme d'études sérieuses, assidues, faites à la fois dans le champ et dans le laboratoire, nécessitant fréquemment les efforts combinés d'un grand nombre d'observateurs et se prolongeant pendant de longues séries d'années. On doit, de plus, étudier non seulement les relations existant entre les espèces qu'on a en vue et les récoltes particulières qu'elles affectent, mais encore celle qui peut exister entre elles et les plantes sauvages ou les autres représentants du règne animal... « En un mot, tout ce qui la touche de près ou de loin, « tout ce qui l'environne doit être pris en considération spécialement en « ce qui concerne les besoins du fermier, les obstacles naturels qui s'op- « posent au développement de l'espèce, le mode de culture qui lui est le « plus contraire. Il faut aussi étudier les habitudes des oiseaux, la nature « et le développement des organismes parasites microscopiques et cryp- « togamiques, et ne pas perdre de vue les phénomènes et les accidents « météorologiques, et, malgré la science qu'implique l'étude approfondie « de ces matières si diverses, on manquera fréquemment de résultats « effectifs si l'on n'y joint le nécessaire appui des expériences pratiques « et des inventions mécaniques...

« Seule, l'étude théorique, quelque considérable qu'elle soit, est rare- « ment féconde en résultats pratiques importants; il faut pour cela « qu'elle soit combinée avec des expériences faites en plein champ par « des personnes compétentes et sur des bases scientifiques... Il m'a « fallu cinq années, aidé comme je l'étais par plusieurs observateurs « à mes ordres, pour arriver à fixer d'une façon définitive quelques « points de l'histoire du ver du coton, et malgré toutes les ressources « dont dispose le gouvernement français, malgré la libéralité de ses « primes d'encouragement, malgré sa commission supérieure et ses « sous-commissions nommées spécialement à cet effet et travaillant dans « ce but depuis quinze ans, bien des questions restent pendantes et in- « décises en ce qui touche le phylloxera de la vigne (1). »

(1) *Vérités générales d'Entomologie pratique*, 1884, par l'auteur.

L'étude des espèces indigènes et répandues comme la *sauterelle des Montagnes Rocheuses*, la *chinch-bug*, la *mouche hessoise*, le *army-worm (leucania unipunctua)*, le *ver de la pomme à cuire*, le *ver du chou*, importé, le *ver du cotonnier*, le *curculio du prunier (conotrachelus nenuphar)* et une multitude d'autres insectes, est poursuivie assidûment depuis un très grand nombre d'années, et cependant presque chaque année on découvre des faits inconnus jusqu'ici sur eux ou de nouvelles méthodes de mettre un frein à leurs déprédations.

L'emploi récent et heureux des poisons arsenicaux contre le ver de la pomme à cuire, et, à un degré moins satisfaisant, contre le curculio du prunier; celui de la kerosene, de la résine, des émulsions de savon plus particulièrement contre les poux des plantes (*aphididæ*) et contre les *cochenilles (Coccidæ)*; l'étude des maladies contagieuses du ver du chou et du *chinch-bug* en vue de les utiliser comme moyen de combat, tout cela peut être mentionné comme preuve des progrès ininterrompus et rapides que nous faisons dans la science des méthodes à suivre pour repousser les attaques d'ennemis connus de longue date et étudiés de près.

Les études récentes faites par moi sur le pou du houblon, une espèce d'insecte qui intéresse de près tous les cultivateurs de houblon, tant européens qu'américains, serviront à démontrer les problèmes compliqués avec lesquels l'entomologiste se trouve confronté. Le lecteur qui désire un précis des faits le trouvera dans le *Rapport de l'entomologiste des États-Unis pour* 1888, duquel j'emprunte les passages concluants qui suivent :

« Les connaissances exactes ainsi acquises simplifient l'œuvre de protection de la plante du houblon contre les attaques du Phorodon. Les mesures préventives doivent consister dans la destruction de l'insecte sur le prunier, aux premiers jours du printemps, aux endroits où la production de ce fruit est désirée, et dans l'extermination des arbres sauvages dans les bois des régions où le houblon est d'un intérêt de premier ordre. On doit éviter aussi avec soin l'introduction du fléau dans les régions indemnes, où il peut être apporté, à l'état d'œufs, sur des scions de prunier. Le traitement direct est simplifié par ce fait que le cultivateur intelligent et soigneux est indépendant et n'a pas à redouter l'incurie de son voisin, la contagion ne se transmettant pas d'un champ de houblon à un autre.

« La valeur de ces connaissances acquises sera plus vivement démontrée lorsqu'on saura que jusqu'ici les cultivateurs de houblon, marchant dans les ténèbres, de tâtonnement en tâtonnement, avaient tâché de prévenir les ravages du fléau par des applications directes faites au sol. De fait, les cultivateurs de houblon en Angleterre ont été poussés par leurs meilleures autorités en cette matière à tourner en pure perte toute leur énergie de ce côté-là. On comprendra l'importance du sujet quand j'aurai dit que la récolte du houblon, vraiment importante dans quelques parties de ce pays et qui l'est bien davantage dans certaines contrées de l'Europe, souffre fortement chaque année des ravages de cet insecte, son pire ennemi qui, dans certaines années, l'anéantit même presque complètement. Ce qu'il est, de plus, fort intéressant de connaître, c'est que quelques régions de ce pays, la côte du Pacifique, par exemple, n'ont pas encore été visitées par le fléau et que les cultivateurs de ces régions indemnes peuvent, une fois bien avertis, prendre des mesures contre son introduction de l'Est ou de l'Europe. Pour moi, c'est ma conviction que l'insecte a été porté d'un pays à un autre à l'état d'œufs sur des scions de prunier, car rien n'est si facile que de le faire voyager de cette manière. »

La « Fluted scale », une des plus grosses de nos cochenilles, a, ces dernières années, causé un immense dommage aux plantations d'orangers et à bien d'autres arbres et arbustes de la Californie du Sud. Elle exerce encore ses ravages en Australie, dans la Nouvelle-Zélande et dans l'Afrique méridionale. L'analyse des mœurs et coutumes de cet insecte a présenté bien des problèmes d'une solution fort difficile et exigeant des études et des investigations poursuivies sur trois continents. Il a été démontré que c'était une des espèces les plus difficiles à vaincre. Les expériences de remèdes à appliquer, qui ont été fort étendues et couronnées d'heureux résultats, sont détaillées par le menu dans quelques-uns de mes derniers rapports. Par l'emploi persévérant et abondant d'émulsions de kerosene sous diverses formes, les arbres peuvent être garantis, à un prix d'entretien raisonnable, contre cet insecte. De très bons résultats ont été également obtenus par la fumigation au gaz acide hydrocyanique. Un côté intéressant présenté par l'étude de l'*Icerya* mérite qu'on s'y arrête un instant, car il ouvre un aperçu sur un champ d'expériences entomologiques relativement inexploré : l'étude et l'importation des parasites naturels des insectes importés.

Le fait que cette espèce est beaucoup moins malfaisante dans son pays natal, l'Australie, suggéra l'idée de la présence probable, là-bas, d'un parasite ennemi paralysant en partie ses facultés destructives. Cette supposition fut confirmée par la découverte en 1886, par M. Crawford, d'Adelaïde, d'un parasite important, bien connu aujourd'hui, le *Lestophonus Iceryæ*, Williston, une toute petite mouche diptère, dont la larve infeste les *Iceryæ*. Chacun de ces derniers insectes en renferme de une à douze et même davantage.

A ma requête, M. Crafword envoya des *Iceryæ* accompagnés de leurs parasites en Californie, où mes agents réussirent à élever un certain nombre de mouches et tentèrent de les acclimater. Ces expériences furent trop restreintes pour être satisfaisantes ; mais comme l'introduction de cette mouche semblait promettre de bons résultats, j'envoyai en Australie, par l'entremise du Département de l'Etat, un agent, M. Koeble, avec mission d'étudier et de collectionner, pour les importer en Californie, les parasites et autres ennemis naturels de cet insecte, en particulier le Lestophonus mentionné plus haut.

Les résultats de cette mission ont été jusqu'ici fort encourageants. Environ 12,000 parasites vivants ont pu être heureusement transportés à Los Angelos, Californie, où on les a confinés sur des orangers infestés, sous la surveillance de M. Coquillett.

J'ai la ferme confiance que ces importants parasites s'acclimateront complètement en Californie et y rendront autant de services à l'avenir qu'ils en rendent actuellement en Australie ; et que, avec l'aide des autres ennemis de l'Icerya, introduits de la même manière, ils réussiront en très peu d'années à arrêter la marche destructrice de ce fléau, épargnant ainsi aux cultivateurs d'orangers l'énorme dépense d'argent et de temps que nécessitent les mesures à prendre pour protéger leurs récoltes.

INSECTICIDES. — DESCRIPTION DÉTAILLÉE DES PLUS RÉCENTS

Nous avons déjà dit plus haut que c'est aux Etats-Unis que revient l'honneur des découvertes et des inventions les plus importantes en fait d'insecticides et d'appareils pour les appliquer avec succès. L'étude et l'expérimentation des insecticides ont été, depuis Harris jusqu'à aujourd'hui, un des traits saillants de l'œuvre économique de nos entomologistes. Cette étude et cette expérimentation faites par les entomologistes de chaque Etat et par des observateurs privés, parmi lesquels il faut compter les fermiers et les jardiniers, aussi bien que les gens étudiant de près les insectes, ont eu pour résultat la découverte d'une longue liste de substances de plus ou moins de valeur comme insecticides, et la connaissance très étendue de remèdes curatifs ou préventifs autres que les poisons.

La liste des insecticides, donnée plus loin dans le catalogue de notre exposition, comprend les plus importants qui sont maintenant généralement en usage ; et, sous chacun de ces noms, on trouvera la formule de la préparation et le procédé d'application.

Je ne m'occuperai en particulier ici que de quelques-uns qui constituent, pour ainsi dire, la plus récente partie de mon œuvre comme entomologiste des Etats-Unis, et auxquels on a reconnu une valeur plus qu'ordinaire dans l'extermination de certains fléaux.

L'efficacité des composés du pétrole comme destructeurs des insectes est connue de longue date ; mais, d'un côté, leur emploi sans addition d'eau a occasionné souvent de sérieux dommages aux plantes en traitement, et de l'autre, la difficulté de les diluer dans l'eau leur enlevait une grande partie de leur valeur ou empêchait qu'on pût s'en servir d'une façon satisfaisante. L'emploi général et sûr de ces substances comme insecticides date de la découverte faite, en 1880, lors de mes travaux sur le ver du coton, que la kerosene pouvait être émulsionnée soit avec du savon, soit avec du lait, ce qui lui permet ensuite d'être diluée dans n'importe quelle proportion d'eau.

Après nombreuses expériences, il fut démontré que le plus sûr moyen d'obtenir l'émulsion du kerosene et du lait était d'agiter violemment, au moyen d'une pompe, un mélange composé de deux parties de kerosene pour une partie de lait, et cela, à la température du corps, pendant 10 ou 15 minutes, ou jusqu'à ce que le liquide ait pris la consistance du beurre ou de la crème.

Pour obtenir l'émulsion de kerosene de savon, on dissout une demi-livre de savon dans un gallon (1) d'eau chauffée jusqu'au degré d'ébullition, et on ajoute le mélange ainsi obtenu, tout bouillant, à deux gallons de kerosene. Une agitation violente, comme pour l'émulsion précédemment décrite, donnera comme résultat un composé de la consistance du beurre. Ces émulsions sont absolument fixes et peuvent être gardées indéfiniment. On peut, suivant l'usage qu'on en veut faire, les diluer dans dix fois leur volume d'eau, ou davantage, et en pulvériser les plantes, à la manière ordinaire. Elles sont particulièrement efficaces contre les aphides et les coccides et contre les insectes qui détruisent par le rostre, dans les cas où les poisons arsenicaux ne peuvent pas être avantageusement employés.

Des expériences récentes faites à Washington (voir *Insect Life*, août 1888) ont montré qu'elles peuvent aussi être employées efficacement pour détruire les larves de scarabées ou vers blancs qui infestent les prairies, les gazons, etc. Les expériences en question étaient dirigées contre les larves de l'*Allorhina nitida*, qui infestaient sérieusement les jardins du Capitole. L'émulsion fut employée en abondance, et le sol, après avoir été pulvérisé à fond, fut maintenu inondé d'eau pendant plusieurs jours. Ce traitement eut pour résultat d'arrêter immédiatement les ravages des vers et en amena plus tard la complète destruction. Sur les terrains adjoignants, qui n'avaient pas été traités, les larves continuèrent leurs déprédations. Ce fait est des plus intéressants pour les cultivateurs européens qui souffrent tant du dommage causé par la larve des hannetons.

Une troisième émulsion de kerosene, employée avec efficacité en Californie, en 1887 et 1888, contre les « scale insects » s'obtient en prenant une partie de kerosene et une partie de composé résineux (un savon, dont il sera parlé plus tard), auxquels on joint une petite quantité d'acide arsénieux, et en battant le tout mécaniquement comme on l'a vu plus haut.

Cette émulsion a été tout d'abord employée sans l'arsenic, mais je découvris que l'adjonction de cette dernière substance augmentait de beaucoup l'efficacité du remède (voir mes Rapports pour 1887 et 1888).

---

(1) Le gallon est une mesure qui, aux Etats-Unis, équivaut à 3 litres 785.

Lorsqu'il s'agit des aphides, par exemple, on découvrit que tous les poux malfaisants étaient détruits par l'application de ce composé qui, d'ailleurs, ne faisait pas le moindre mal à leurs ennemies, les bienfaisantes larves coccinellides, ni aux parasites vivant d'eux et sur eux. Le meilleur moyen d'obtenir le composé résineux est de dissoudre une livre de soude caustique en la faisant bouillir dans un gallon d'eau environ. On ajoute à la moitié de cette solution huit livres de résine, et on fait bouillir le tout jusqu'à ce que la résine soit dissoute; après quoi, on ajoute le reste de la solution, et le mélange ainsi obtenu est mis à bouillir sur un feu très vif. Le composé qui en résulte s'assimilera à l'eau froide tout aussi bien que le lait, et peut être dilué de façon à remplir 33 gallons.

Avant de quitter ce sujet, il ne sera pas sans utilité de noter la valeur d'une addition de soufre à l'émulsion de kerosene lorsqu'on l'emploie contre les mites (*Phitoptus spp.*) et contre l'araignée rouge (*Tetranychus telarius*), ainsi que l'ont prouvé les expériences faites par M. Hubbard, dans la Floride.

Le traitement au gaz, contre les « scale insects », employé en plein air, et perfectionné par un de mes agents, M. Coquillett, en Californie, est une méthode insecticide relativement nouvelle; et le succès qui, jusqu'ici, en a couronné les expériences, m'autorise à en parler ici d'une façon plus détaillée. Un grand nombre de gaz et de vapeurs ont été expérimentés par des gens que cette étude intéressait de près, en Californie. Parmi eux, on peut mentionner l'air chaud, la vapeur d'eau, la fumée de tabac, le gaz acide carbonique, le chloroforme, le sulfure de carbone, l'hydrogène sulfuré et l'hydrogène arsénié. Ce dernier gaz peut être précieux, mais la valeur n'en est pas encore pleinement établie.

Comme tous ces divers gaz ont été démontrés fort inférieurs au *gaz acide hydrocyanique*, employé pour la première fois par M. Coquillett, en septembre 1886, il est inutile d'en parler ici plus longuement.

L'exposé suivant de la méthode d'employer le gaz acide hydrocyanique, est tiré du « Rapport sur le traitement par le gaz employé contre « des « scale insects », fait par M. Coquillett et publié dans mon Rapport annuel de la Commission d'Agriculture, pour 1887.

Ce gaz, lorsqu'il est produit de la manière ordinaire, par l'action de l'acide sulfurique sur le cyanure de potassium dissous dans l'eau, a été reconnu très préjudiciable aux feuilles et aux arbres traités, sur lesquels il a une influence destructrice. Mais on a découvert que le gaz *sec* n'avait aucun mauvais effet sur les arbres et était néanmoins tout aussi efficace contre les insectes. Parmi les divers procédés qui, après cette découverte, furent imaginés pour dessécher le gaz, le plus simple et le meilleur consiste à faire passer le gaz à travers de l'acide sulfurique, lorsqu'il sort du générateur. Par ce moyen, toute l'eau est absorbée, et le gaz est rendu inoffensif en ce qui regarde l'arbre.

On a inventé plusieurs tentes excellentes pour renfermer le gaz. Elles sont faites d'étoffe épaisse, entièrement enduites d'huile, et munies de l'appareil nécessaire à leur fonctionnement. Parmi elles, il en est deux surtout dont l'usage est le plus répandu. La première est abaissée, tout d'une pièce, sur l'arbre au-dessus duquel elle est hissée. L'autre est faite de deux parties, l'une immobile, l'autre mobile, qui se rejoignent, enfermant ainsi l'arbre au milieu d'elles.

Des mesures sont prises pour enlever l'air pur par le haut de la tente pendant qu'on y introduit le gaz et pour agiter et faire circuler l'air au dedans de la tente.

MACHINES A INSECTICIDES ET MODE D'APPLICATION

La découverte de précieux insecticides a été suivie de l'invention correspondante de machines et de procédés destinés à les appliquer. L'administration des poisons secs, tels que les mélanges arsenicaux, la poudre de pyrèthre, l'ellébore, la chaux, les cendres, etc., ne présente aucune difficulté particulière et peut être faite facilement et de la façon la plus satisfaisante au moyen d'un des nombreux distributeurs de poison, soit rotatoires, soit oscillatoires, mentionnés dans le catalogue de l'Exposition.

Mais comme la plupart des meilleurs insecticides sont maintenant administrés en général sous la forme liquide, les inventions mécaniques ont été dirigées du côté de la construction des pompes et tuyaux destinés à suffisamment pulvériser et distribuer le poison.

Les pompes employées à cet effet sont assez variées comme taille et comme forme pour se plier aux besoins de travaux plus ou moins étendus. Les pompes les plus généralement employées dans ce pays sont indiquées dans le catalogue de cette partie de l'Exposition.

Pour faire de bon et satisfaisant ouvrage, une pompe doit avoir une puissance suffisante pour vaincre la résistance du tuyau et jeter le liquide à la distance voulue. Une autre qualité essentielle des grandes pompes, c'est le mécanisme qui permet d'agiter constamment ce liquide et d'en garder ainsi les ingrédients bien mélangés. Une pompe précieuse, perfectionnée par moi, avec l'assistance de feu le Dr W.-S. Barnard, dans mon travail pour le gouvernement, et qui remplit toutes ces conditions, c'est la pompe *oscillante*. Elle consiste dans une pompe foulante ordinaire, à double effet, insérée dans la bonde d'un cylindre et supportée, à ses points de contact, par des tourillons. L'action de la brimbale fait osciller la pompe sur ses tourillons et imprime à une sorte de battoir fixé au bout inférieur du baril un mouvement de va-et-vient, grâce auquel le poison est constamment agité, et par conséquent parfaitement mélangé. Un modèle de cette pompe, munie de conduits de suspension, de fourches en Y et de « Riley nozzles » pour pulvériser quatre rangs à la fois, est montrée à l'Exposition, n° 99. C'est de celle-là que je me suis servi dans mes expériences sur le ver du coton.

TUYAUX PULVÉRISATEURS

La partie la plus importante d'une machine à administrer le poison, en est le tuyau, car c'est du tuyau que dépend plus ou moins la réussite ou l'insuccès de l'expérience. J'ai énoncé ailleurs, ainsi qu'il suit, le *desideratum* des qualités que doit posséder un bon tuyau pulvérisateur :

« Réglementation prompte et facile du volume de liquide à jeter; pulvérisation aussi fine que possible en même temps que le moins de tendance possible à s'obstruer; facilité de nettoyage, ou rapide dévissage des pièces qui le composent; bon marché; simplicité et ajustabilité à n'importe quel angle. »

Parmi les nombreux pulvérisateurs en usage aux États-Unis, et qui sont libéralement représentés dans la collection des tuyaux, — il en est deux surtout qui remplissent d'une façon supérieure les conditions requises et qui méritent d'être signalés ici. Ce sont le Riley et le Nixon. Le premier et le plus important des deux est le Riley, ou tuyau-cyclone. Le mouvement rotatoire du liquide dans ce pulvérisateur repose sur un principe absolument nouveau dans la distribution des insecticides liquides, principe qui peut être appliqué avantageusement dans la plupart des différentes formes de tuyaux.

Cette forme de pulvérisateur, que je considère comme la meilleure, peut être rapidement décrite comme il suit :

« Il consiste en une petite chambre avec deux côtés aplatis, dont l'un
« est vissé de façon à s'enlever aisément. La partie la plus intéressante
« est le *canal* par où le liquide passe; il est percé sur sa paroi latérale
« de façon à causer un tourbillon rapide, un mouvement centrifuge du
« liquide, qui s'échappe en poudre ayant la forme d'un entonnoir, par
« le tuyau de sortie pratiqué au centre du chapiteau mobile. La largeur,
« la hauteur, la finesse du jet pulvérisé, reposent sur certains détails de
« la proportion des parties entre elles, et spécialement sur la forme de
« l'ouverture de sortie. »

Le pulvérisateur Riley est fait maintenant avec des tuyaux de sortie directs, obliques ou latéraux, de façon à pouvoir s'adapter aux diverses exigences du traitement et à pulvériser le dessous des feuilles.

Le principe de ce pulvérisateur prit naissance au cours de mon travail sur le ver du coton, en 1880; l'idée de rotation au dedans d'un cylindre m'apparut comme pouvant être précieuse si on pouvait l'appliquer aux pulvérisateurs. Après bien des tâtonnements et d'interminables essais, embrassant une période de deux années, pratiqués par moi, par mes auxiliaires et en particulier par le D\u0072 Barnard, le pulvérisateur Riley fut enfin obtenu, tel qu'il a été décrit plus haut. Un grand nombre de modèles de ce pulvérisateur, illustrant les diverses modifications et perfectionnements qu'il a dû subir avant d'arriver à la forme définitive, se trouven à l'Exposition.

La valeur de ce pulvérisateur a été universellement reconnue, et ce pulvérisateur ou ses dérivés sont maintenant d'un usage répandu dans toutes les parties du monde. Il est surtout employé en France où, depuis que je l'introduisis à Montpellier en 1884, l'usage s'en est rapidement répandu dans l'œuvre de combat soutenu soit contre les insectes, soit contre les maladies cryptogamiques. Le Vermorel, le Japy et le Marseilles en sont des modifications. Un certain nombre des modifications du Riley, faites à l'étranger, sont comprises dans la collection des pulvérisateurs.

Une modification importante, digne de mention, en a été faite en Amérique : c'est le pulvérisateur universel de John Crofton et L. D. Greene, de Walnut Groves, Californie. Ce pulvérisateur est construit de façon à ce que, simplement en tournant un robinet semblable à un robinet d'arrêt, on peut se servir d'un ou plusieurs tuyaux et donner les pulvérisations directes ou latérales, au gré de l'opérateur.

Le pulvérisateur Nixon, fabriqué par A. H. Nixon, de Slayton, Ohio, mérite une mention spéciale ici, comme étant une addition récente à notre stock de pulvérisateurs. Sa valeur est considérable, spécialement lorsqu'on désire un jet direct d'une force et d'un volume supérieurs à ceux qu'on obtient généralement du pulvérisateur Riley.

Dans le Nixon, la pulvérisation s'obtient en projetant l'eau contre un écran de métal. La force du jet est réglée par la taille de l'ouverture par où l'eau se projette sur l'écran; sa finesse de vaporisation, par l'emploi d'écrans dont les mailles varient de finesse.

ÉTAT ACTUEL DE L'ENTOMOLOGIE ÉCONOMIQUE AUX ÉTATS-UNIS

La meilleure manière de clore cet article sera de donner un bref aperçu de l'état actuel de l'entomologie pratique aux États-Unis, sans omettre les noms de ceux qui sont spécialement engagés dans la poursuite de cette œuvre.

Pour plus de commodité, les travailleurs peuvent être divisés en deux groupes. Le premier se compose de ceux qui sont enrôlés dans l'œuvre du gouvernement des États-Unis; il est représenté par la Division d'entomologie du département de l'agriculture des États-Unis, et par le curateur et aide-curateur des insectes du Muséum national. Le second comprend les entomologistes des stations nationales d'expériences de chaque État, parmi lesquels il faut compter les entomologistes de l'État de New-York et de l'État d'Illinois.

La sphère d'action de la Division entomologique du département de l'agriculture des États-Unis a été déjà indiquée par tout ce qui précède.

Tout en embrassant le champ entier de l'entomologie agricole, son œuvre est spécialement dirigée vers l'étude des insectes qui sont d'un intérêt national, ou de ceux dont l'étude exige, à cause des difficultés rencontrées ou de l'étendue du champ d'observations, des frais trop considérables pour que les États y puissent subvenir par eux-mêmes. Cet exemple s'est présenté lorsqu'il s'est agi d'étudier le ver du coton, la sauterelle des Montagnes Rocheuses, la « chinch bug », le pou du houblon, le moustique de bétail (*Simulium spp.*), etc.

Les résultats de ces recherches et de ces travaux sont donnés au public dans les diverses publications et rapports de la Division, comprenant le *Rapport annuel au secrétaire de l'Agriculture*: dans des *Bulletins*, publiés de temps en temps, — dont dix-neuf déjà ont vu le jour, — et donnant l'histoire de certains insectes et les remèdes destinés à arrêter leurs déprédations, ou s'occupant des insectes qui s'attaquent particulièrement à certaines récoltes. Enfin, dans le bulletin mensuel intitulé *Insect Life*, qui termine sa première année d'existence. Ces publications sont libéralement distribuées dans toute l'étendue des États-Unis. Les bulletins qui concernent spécialement certaines régions pour lesquelles ils ont un intérêt à part ne sont pas répandus de la même façon dans les autres.

Ce qui prouve le puissant intérêt qu'offrent ces travaux, c'est ce fait que plusieurs des bulletins de la Division ont dû être tirés à plusieurs éditions, et que la liste d'abonnés de *Insect Life* contient déjà 1,600 noms.

La mission du curateur des insectes au Muséum national est de deux natures bien distinctes, l'une purement scientifique, l'autre strictement pratique. La première comprend les travaux du curateur et des spécialistes dirigés de temps en temps vers la monographie de groupes particuliers d'insectes; la seconde, le travail ordinaire de routine qui comprend l'arrangement et la surveillance des spécimens, et la classification des matériaux dont l'identification est réclamée. Un trait très important de ce travail, c'est la préparation d'une exposition économique qui illustrera le plus possible l'histoire de la vie et des mœurs de nos principaux insectes nuisibles et la nature de leurs déprédations. Une partie de ce travail est comprise dans notre exposition, et le catalogue qui en a été préparé pour la publication en indiquera le caractère et l'étendue.

Le compte rendu des travaux du curateur et de ses auxiliaires est donné dans les publications de l'Institut Smithsonian et du Muséum national.

La liste suivante contient les noms des fonctionnaires engagés dans l'œuvre entomologique du gouvernement, et comprend tous les employés, tant temporaires que permanents.

DIVISION D'ENTOMOLOGIE, DÉPARTEMENT DE L'AGRICULTURE DES ETATS-UNIS.

Entomologiste : C. V. Riley.

Personnel du bureau : L. O. Howard, premier assistant.

E. A. Schwartz, Th. Pergande, Tyler Townsend, C. L. Marlatl, assistants.

Philippe Walker, assistant chargé de la sériciculture et de la filature.

Agents locaux : Sam Henshaw, Boston, Massachusetts ; F. M. Webster, La Fayette, Indiana ; Herbert Osborn, Ames, Iowa ; N. W. Mac-Lain, Hinsdale, Illinois; Mary Murtfeldt, Kirkwood, Mo. ; Lawrence Bruner, Lincoln, Nebraska ; D. W. Coquillett, Los Angelos, Californie; Albert Koebele, Alameda, Californie.

DÉPARTEMENT DES INSECTES, MUSÉUM NATIONAL DES ÉTATS-UNIS.

Curateur honoraire : C. V. Riley.

Auxiliaire : Martin I. Linell.

STATIONS D'EXPÉRIENCES DES ÉTATS.

Les stations d'expériences, établies récemment dans les Etats, d'après les clauses de l' « Hatch Bill », ont, dans un très grand nombre de cas, reconnu l'importance des études entomologiques et se sont adjoint des entomologistes départementaux. Cette mesure a de beaucoup accru la masse des travailleurs dévoués à l'œuvre de l'entomologie appliquée aux besoins pratiques, et nous pouvons espérer pour l'avenir une augmentation correspondante dans la somme de nos connaissances sur les insectes, en ce qui touche leur relation à l'agriculture. Les recherches de ces entomologistes départementaux viseront directement les insectes locaux ou les espèces plus répandues dans leurs relations avec certains Etats en particulier, et formeront ainsi un appoint considérable aux travaux de l'entomogiste des Etats-Unis.

L'entomologiste de l'Etat de l'Illinois remplace, dans cet Etat, l'entomologiste de la station d'expériences.

Dans l'État de New-York, un entomologiste de l'Etat est adjoint à l'entomologiste de la station d'expériences.

Les publications émanant de ces divers agents, sou s formes de bulletins et rapports annuels, auront une circulation et un intérêt spécialement locaux.

Voici la liste des entomologistes actuellement en fonctions dans les Etats :

Alwood, W. B., Blacksburg, Virginie.

Atkinson, G. I., Columbia, Caroline du Sud.

Beckwith, M. H., Newark, Delaware.
Bruner, L., Lincoln, Nebraska.
Clark, W., Columbia, Mo.
Comstock, J. H., Ithaca, New-York.
Cook, A. J., Ecole d'Agriculture, Michigan.
Fernald, C. H., Amherst, Massachusetts.
Forbes, S. A., Champaigne, Illinois (Entomologiste d'État).
Francis, M., College station, Texas.
Gillette, C. P., Ames, Iowa.
Harvey, I. L., Orono, Me.
Linter, J. A., Albany, New-York (Entomologiste de l'État).
Lugger, O., Saint-Antony Park, Minnesota.
Morse, I. W., Berkley, Californie.
Neal, I. C., Lake City, Floride.
Orcutt, P. H., Brookings, Dakota.
Perkins, G. H., Burlington, Vt.
Papenoe, E. A., Manhattan, Kansas.
Smith, J. B., New-Brunswick, New-Jersey.
Summers, H. E., Knoxville, Tennessee.
Tracy, S. M., Agricultural College, Miss.
Webster, F. M., Lafayette, Indiana.
Weed, C. M., Columbus, Ohio.
Woodworth, C. W., Fayetteville, Arkansas.

LA SÉRICICULTURE AUX ÉTATS-UNIS.

Grâce à des droits protecteurs très élevés, nos fabriques ont pris rapidement un essor encourageant et consomment annuellement pour environ cent millions de francs de « soie grège ». Mais cette prétendue « soie grège » est un produit fabriqué, tout aussi bien que les articles tissés; et son importation libre parmi nous est un encouragement donné aux manufactures étrangères et une entrave mise aux progrès de notre industrie nationale tout autant que le serait la suppression du droit d'entrée mis sur les marchandises ouvragées.

Aucun des obstacles que rencontre la sériciculture chez nous n'est ni permanent, ni insurmontable, tandis que nous possédons de sérieux avantages que n'ont pas les autres pays. L'un d'eux, d'une importance infinie, est l'inépuisable ressource en *osage orange* (Maclura aurantiaca) que nous offrent nos milliers de kilomètres de haies. Un autre, c'est la moyenne élevée d'intelligence et d'ingéniosité de notre classe laborieuse, qui ne se contentera pas de marcher dans l'ornière tracée par le vieux monde, mais sera prompte à inventer des perfectionnements à ses méthodes. Encore un autre avantage réel, c'est l'agencement plus spacieux, plus commode des granges, des greniers et hangars de la plupart de nos fermes. Chaque année, les expériences faites avec le *Maclura* ne font que confirmer et appuyer tout ce que j'ai dit de sa valeur comme nourriture du ver à soie.

Cette question de la sériciculture a toujours eu un intérêt plus ou moins vif pour le peuple des Etats-Unis, et, depuis les premiers jours de la colonisation, l'établissement séricicole dans le pays a été l'objectif poursuivi par d'innombrables efforts.

Pendant le règne de Jacques Iᵉʳ d'Angleterre, c'est-à-dire au commencement du xviiᵉ siècle, la sériciculture fut tentée pour la première fois en Virginie : d'autres tentatives furent faites depuis, mais échouèrent naturellement, par la raison que la culture du tabac, du coton et de la canne à sucre était plus avantageuse que celle du ver à soie.

Bien des années plus tard, l'attention fut de nouveau attirée sur ce sujet, qui commençait à prendre de l'importance, lorsque la Révolution vint de nouveau le reléguer à l'arrière-plan. Après la déclaration d'indépendance, de faibles efforts furent faits pour acclimater le ver à soie dans des Etats plus septentrionaux, et, d'après William H. Vernon, de Rhode Island, l'élevage des vers dans le Connecticut, au commencement de ce siècle, rapportait de 150 à 200,000 francs par an. Cependant, cette industrie dura peu et, de fait, le climat des Etats de la Nouvelle-Angleterre n'est pas le plus propice à la culture du ver à soie.

La dépression financière de la seconde décade du siècle provoqua, de la part du Congrès, un amendement demandant au secrétaire du Trésor d'avoir à lui soumettre un rapport sur la sériciculture et sur l'opportunité qu'il y aurait à l'encourager en Amérique. Ce rapport fut soumis, en 1828, par le secrétaire Rusch, et ensuite publié. Mais aucun acte législatif n'en résulta, quoique cependant il ait existé — avant 1847 — des droits sur l'importation de la soie grège ; ces droits montèrent, à certaines époques, à 20 o/o, mais en général ils n'étaient que de 12 o/o. C'est peu après que souffla ce vent d'engouement pour le *morus multicaulis* qui, en 1838 et 1839, tourna la tête aux gens raisonnables et fit sombrer toutes les tentatives sérieuses et sensées qui avaient été faites pour placer la sériciculture sur une base solide. Jusqu'à 400,000 livres de cocons (poids brut probablement) furent produits en quelques années. Mais cette culture disparut de nouveau dans la dernière partie de la quatrième décade, ne laissant aucun résultat durable, à part les mûriers répandus en un grand nombre d'endroits du pays et qui, plus tard, ont rendu un certain service. Mais enfin c'est de tous ces efforts, dirigés vers le même but et aidés par le concours de sages et nombreux droits protecteurs, qu'est née la présente industrie séricicole des États-Unis, laquelle, comme il a été dit plus haut, consomme annuellement pour une valeur d'environ cent millions de francs de soie grège. Cette soie grège nous vient d'Asie et d'Europe.

En outre de la folle manie du *multicaulis*, il existait une autre cause grave de l'insuccès de la sériciculture chez nous ; c'était la cherté de la main-d'œuvre habile et l'absence du mécanisme perfectionné, qui aurait rendu cette main-d'œuvre moins nécessaire. Pendant que la génération passée luttait et peinait, avec l'aide insuffisante des primitifs dévidoirs et bobines faits à la maison, les producteurs les plus expérimentés d'Europe imaginaient de réunir leurs machines pour former de grandes fabriques appelées *filatures*. On s'aperçut bientôt, dans nos manufactures, qu'en outre de l'encouragement donné à notre industrie par les tarifs des douanes, il nous était indispensable d'avoir, nous aussi, un outillage suffisamment perfectionné pour économiser le plus possible le travail manuel. Dans le dévidage de la soie, cette opération qui convertit l'inemployable cocon en une matière marchande : « la soie grège », aucun progrès sérieux et pratique au point de vue du mécanisme n'a été fait en Amérique ; avant 1876, aucune tentative n'avait même été faite pour rendre automatique le mécanisme du dévidage de la soie.

C'est de l'Exposition du Centenaire que datent deux efforts. Celui de certaines dames bienfaisantes de Philadelphie, de Californie et d'ailleurs, pour tenter de rétablir chez nous la sériciculture ; celui de M. Serrell, de New-York, pour la création d'un dévidoir automatique. Grâce aux premières, l'attention du Congrès se porta de nouveau sur le sujet, et, en 1884, il fut voté une subvention pour encourager cette industrie et pour donner au département de l'agriculture la possibilité de se livrer aux expériences voulues. Cette allocation a été renouvelée chaque année depuis lors, y compris l'année présente, 1889.

Je ne saurais mieux exposer les résultats de ces expériences qu'en citant les passages suivants, pris dans l'Introduction de mon Rapport annuel, actuellement sous presse.

« Pendant les cinq dernières années, des expériences ont été poursuivies, sous ma direction, par le département de l'agriculture, en vue d'étudier la possibilité d'une installation de dévidage qui serait avantageuse et assurerait un débouché indigène à nos cocons. Pendant deux ans, ces expériences ont été tentées sur trois points différents, à San-Francisco, à la Nouvelle-Orléans et à Philadelphie, en vue d'établir des filatures dans ces trois villes (1). Le résultat n'a pas été satisfaisant. Il semblait cependant, vu les résultats que donnait alors le dévidoir automatique de Serrell, qu'on eût quelque raison d'espérer surmonter la plupart des difficultés qui s'étaient rencontrées au cours des tentatives précédentes ; et il y a trois ans, le Congrès autorisa le commissaire de l'agriculture à établir une filature de soie à Washington, sous les auspices du département de l'agriculture, et à y faire l'essai consciencieux du mécanisme automatique de Serrell. Il me semblait que deux années d'expériences

______

(1) Les associations séricicoles de la Californie et de Philadelphie, et M. Joseph Newman, reçoivent tous actuellement une subvention du Congrès.

me mettraient en mesure de résoudre la question d'une façon décisive et de pouvoir dire nettement si ce mécanisme est capable de réduire la main-d'œuvre à un minimum suffisant pour faire du dévidage de la soie une industrie lucrative aux Etats-Unis.

« En raison de nombreuses vicissitudes et incidents dont il est inutile de donner le détail, et en particulier à cause de ce fait que les travaux d'expériences faits sous la haute main du département de l'agriculture sont bien autrement coûteux qu'ils ne le seraient à l'initiative privée, les résultats de ces deux années n'ont pas été entièrement décisifs, quoiqu'ils aient démontré clairement que le dévidage de la soie ne pouvait pas être fait d'une façon avantageuse. A ce moment-là, quelques modifications apportées, en France, à certains détails du dévidoir automatique de Serrell semblaient, au dire de M. Walker, qui les examina personnellement, promettre un meilleur succès et justifier la continuation des expériences. Le Congrès vota donc, pour la troisième fois, une subvention dans ce but et aussi pour favoriser la création de certains établissements où les cocons pussent être maniés avec intelligence, et les chrysalides étouffées sous la surveillance de personnes compétentes.

« En raison de l'époque trop avancée de la saison où la subvention a été votée ; de l'obligation où s'est trouvée la Division de préparer son exposition particulière pour l'exposition de Cincinnati, et enfin, vu les difficultés que nous avons rencontrées dans l'emploi de mécanismes perfectionnés dernièrement venus de France, le travail de la présente année n'a pas été assez décisif pour autoriser de notre part une conclusion finale. Quelques heureuses modifications ont bien été faites, qui pourront surmonter quelques-uns des principaux obstacles que nous avons rencontrés ; mais je dois avouer que, pour ma part, j'ai peu de foi en un résultat final favorable, du moins en ce qui concerne le principal but de ces expériences. En un mot, quels que soient les découvertes ou les perfectionnements que nous puissions faire, je ne crois pas que le dévidage de la soie soit jamais dans ce pays une industrie lucrative, à moins de droits qui nous protègent contre le travail à meilleur marché des autres pays. Ceci revient à dire que les expériences poursuivies jusqu'ici n'ont fait que confirmer les arguments que j'ai toujours soutenus sur la nécessité d'une protection effective pour l'établissement de la sériciculture en Amérique.

« Quant à notre aptitude à produire des cocons, elle n'a pas à être mise en question et, ainsi que je l'ai déjà démontré, nous avons à cet égard de nombreux avantages sur le vieux monde. Mais l'expérience poursuivie pendant ces cinq années, et qui a provoqué la subvention du Congrès, n'a servi qu'à donner une impulsion artificielle à la sériciculture, qui retomberait de nouveau dans le marasme si ce concours lui était retiré.

« Personne ne saurait être plus zélé ni plus intéressé dans ses efforts pour résoudre heureusement ce problème que M. Philip Walker, qui est directement chargé de la filature de Washington, et qui m'a aidé dans la préparation de ce rapport. Or, après des calculs consciencieux et approfondis, il estime qu'un droit spécifique de 5 francs par livre sur la soie dévidée — ou *soie grège* — permettrait à l'industrie du dévidage d'être avantageuse dans ce pays. Sans ce droit, j'ai grand'peur que la continuation des expériences faites avec le dévidoir Serrell ne serve pas à grand'chose. Car on ne doit pas perdre de vue que nos perfectionnements, quels qu'ils soient, seront aussi profitables aux étrangers qu'à nous-mêmes, à moins qu'ils ne soient protégés par un brevet au profit du gouvernement américain.

« Sans considérer le moins du monde au point de vue théorique la question de la protection, il m'a toujours semblé clair et logique que, si la protection est la politique adoptée par le gouvernement, il ne doit pas plus y avoir de restriction et d'exception sur ce chapitre-là que sur tout autre. »

L'exposition est arrangée de manière à montrer quelques-uns des résultats et des méthodes de travail, et disposée de la façon suivante :

1° Soixante-quatre échantillons de cocons produits aux États-Unis, provenant de races française et italienne et de reproduction américaine.

2° Soie grège dévidée à la filature expérimentale de Washington et artistiquement disposée de façon à représenter les armes des États-Unis.

3° Carte des États-Unis, indiquant les parties du pays où ont été produits les cocons exposés.

4° Objets employés par le département pour l'instruction des sériciculteurs.

5° Mon manuel, gratuitement distribué aux sériciculteurs.

6° Courtes instructions adressées aux sériciculteurs.

7° Boîte servant à l'incubation des graines.

8° Boîte servant au transport des graines par la poste.

9° Boîte de cocons pourvue de graines.

10° Carton couvert de graines, montrant les conditions de l'hivernage.

Paris. — Imprimerie de Ch. Noblet, 13, rue Cujas. — 14202.

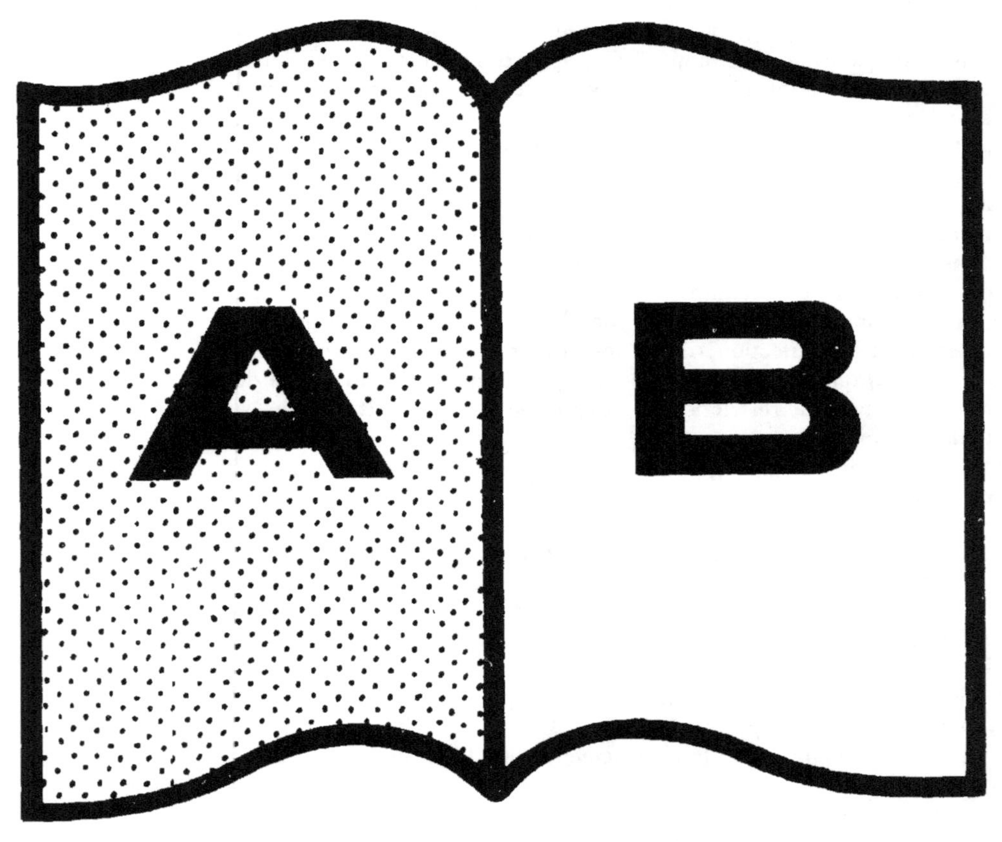

Contraste insuffisant

NF Z 43-120-14

Bibliothèque nationale de France - Paris

MIRE ISO Nº 1
A F N O R   92049 PARIS LA DÉFENSE

225   250   280

200

180 160 140 125 112

PRODUCTION   SCRIPTUM PARIS
en conformité avec NF Z 43-011 et ISO 446 1991

0 1 2 3 4 5 6 7 8 9 10 11 12 13 14 15

Septembre 2006   Atelier de reproduction-MLV

www.ingramcontent.com/pod-product-compliance
Lightning Source LLC
Chambersburg PA
CBHW051310050726
47595CB00008B/3481